DES DIVERS MODES

DE

MULTIPLICATION

AUTRES QUE CEUX DE LA GÉNÉRATION SEXUELLE

Envisagés chez les ANIMAUX

SOUS LE POINT DE VUE PHYSIOLOGIQUE

PAR

A.-L. DONNADIEU

Préparateur à la Faculté des sciences, Membre de la Société de médecine
et de chirurgie pratiques de l'Hérault.

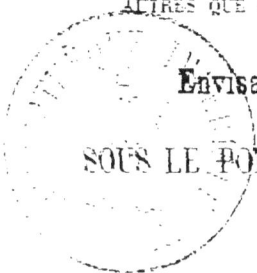

MONTPELLIER

C. COULET, Libraire-Éditeur
Grand'rue. 5

PARIS

F. SAVY, Libraire-Éditeur
rue Hautefeuille. 24

1867

DES DIVERS MODES

DE

MULTIPLICATION

AUTRES QUE CEUX DE LA GÉNÉRATION SEXUELLE

Envisagés chez les ANIMAUX

SOUS LE POINT DE VUE PHYSIOLOGIQUE

———⋰⋰⋰———

> Combien de faits encore ignorés, et qui
> viendront un jour déranger nos idées sur
> des sujets que nous croyons connaître !
>
> C. BONNET.

INTRODUCTION.

En parcourant la série des êtres vivants, soit animaux, soit végétaux, on est tout surpris de voir à
combien de lois différentes ces êtres sont soumis.
Mais si, au lieu de jeter un coup d'œil rapide sur
l'ensemble, on étudie attentivement chacun de ces organismes, on ne tarde pas à s'apercevoir que ces lois,
en apparence si nombreuses et si diverses, peuvent

facilement être ramenées à un petit nombre de règles générales auxquelles viennent parfois s'ajouter de rares exceptions.

C'est ainsi que la grande diversité de formes et de caractères que présentent les êtres de la création, avait empêché les premiers naturalistes de songer à la possibilité d'établir une classification. Mais en examinant de plus près, et la nécessité d'un arrangement méthodique se faisant sentir, ils ne tardèrent pas à découvrir, dans ces formes et dans ces caractères, des identités et des ressemblances qui leur permirent des groupements à la fois commodes et utiles ; et les classifications se multiplièrent, tantôt basées sur des systèmes tout à fait artificiels, tantôt fondées sur des bases d'autant plus durables qu'elles étaient plus naturelles et qu'elles se rapprochaient davantage de la vérité.

C'est ainsi que la nature si variée des différentes parties de l'organisme avait semblé éloigner toute idée qui aurait tendu à démontrer qu'une seule et même loi régissait ses développements successifs ; mais des études plus approfondies sont venues formuler cette loi, et l'organogénie, s'aidant des sciences nées presqu'en même temps qu'elle, en a posé les bases.

Et c'est ainsi que les différents aspects sous lesquels se présente l'apparition de tout être vivant, purent être formulés dans ce principe : « *Omne vivum ex vivo* », que Harvey remplaça plus tard par celui-ci : « *Omne vivum ex ovo* ».

Disons dès l'abord que ce second précepte ne trouve pas toujours une application exacte, tandis que le premier se trouve vérifié dans tous les cas sur lesquels les connaissances actuelles permettent de se prononcer sûrement.

En effet, un anneau d'une naïs se détache, et, après avoir subi des évolutions sur lesquelles nous aurons occasion de revenir plus tard, il devient une naïs complète. Certes, voilà bien un être vivant, puisqu'il va même jusqu'à jouir de la faculté de se reproduire, et cependant il ne provient pas d'un œuf. Un bourgeon latéral se développe sur une hydre : au moyen d'une ligature on le détache de l'individu mère, et on le voit grandir, se développer et se multiplier. On a bien vu se produire un animal, et il n'y avait pas d'œuf.

On arrache une branche à un végétal, on la place dans des conditions favorables à son développement, et l'on voit se former un nouveau végétal capable de fructifier. Dans ce cas non plus, l'être vivant ne doit pas son origine à un œuf.

Il en sera de même pour la pomme de terre, dont un tubercule pourra donner naissance à autant de plantes que ce qu'il porte de bourgeons ; il en serait encore de même pour beaucoup d'autres, et rien ne nous serait plus facile que de multiplier les exemples.

Si l'on peut reconnaître une identité souvent incomplète ou une analogie de ressemblances entre les œufs des différents animaux, ou même entre ces œufs et les graines des végétaux, il nous paraît, au contraire, fort difficile d'admettre que l'œuf se trouve représenté par une portion d'animal, ou l'animal lui-même, ou par un tubercule, un rameau, etc.

D'un autre côté, on peut dire aisément que l'œuf vit tout autant que l'animal ou le végétal qu'il est destiné à former. La vie existe dans l'œuf, mais elle y est, pour ainsi dire, à l'état latent, et n'attend pour se développer que des conditions favorables. Et lorsque, sous l'influence de ces conditions, cette vie de l'œuf aura formé un être vivant, on poura dire de cet être ce que l'on dit de celui dont nous venons de parler : « *Vivum ex vivo*» ; et pour traduire le phénomène de la multiplication des êtres d'une manière encore plus précise et plus exacte, on peut dire : «LA VIE VIENT DE LA VIE».

Mais, de quelle manière un être vivant transmet-il à un autre la vie dont lui-même est animé ? Quelle est l'origine de la vie de chaque individu ?

C'est ce que nous allons dire en quelques mots.

REMARQUES GÉNÉRALES.

Les êtres vivants tirent leur origine les uns des autres par voie de génération proprement dite, et par voie de multiplication.

Qu'entend-on par génération proprement dite?

Le mot de *génération*, qui vient de γεννάω, j'engendre, entraîne, pour ainsi dire, avec lui l'idée de sexe; et parler de génération, c'est faire supposer un accouplement préalable, ou tout au moins un contact de deux éléments, l'un mâle et l'autre femelle; la génération proprement dite est, en effet, celle dans laquelle un ou plusieurs individus se forment par suite d'un rapprochement plus ou moins médiat entre ces deux éléments fournis par un seul individu pourvu à la fois des deux sexes, ou par deux individus différents pourvus, l'un du sexe mâle et l'autre du sexe femelle. C'est aussi celle que l'on appelle génération sexuelle, et c'est la seule et la vraie génération. A proprement parler, tous les autres actes de la reproduction que l'on désigne par le mot de génération, ne sont pas autre chose que des véritables multiplications ou des créations.

Le mot engendrer suppose un père et une mère, c'est-à-dire des parents, mais des parents ayant pris l'un et l'autre une part plus ou moins active à la reproduction, et c'est précisément ce qui n'a pas lieu dans beaucoup de cas, pour lesquels on emploie cependan le mot de génération : tel est, par exemple , celui de la génération gemmipare, dans laquelle une partie du tissu qui compose un individu se transforme, pour constituer un individu complet qui jouira à son tour de la même propriété ; tel est encore le cas de la génération dite spontanée, ou hétérogénie, dans laquelle un être vivant apparaît, formé par les débris d'une matière en décomposition ; et tel serait encore le cas de plusieurs autres modes de reproduction que nous allons avoir l'occasion de passer en revue.

Cependant, l'usage les ayant consacrés, nous conserverons à ces multiplications les divers noms de générations par lesquels on les désigne, quoique, nous le répétons encore une fois, ce mot-là ne puisse pas leur être appliqué exactement ; il semble, ainsi que nous venons de le dire, devoir être l'apanage exclusif de la génération sexuelle, dont nous n'avons pas à nous occuper ici.

Le premier mode de multiplication qui se présente naturellement après la génération sexipare, et celui qui lui est aussi tout à fait opposé, c'est la génération spontanée.

GÉNÉRATION SPONTANÉE, OU **HÉTÉROGÉNIE**.

Ce que l'esprit ne peut concevoir, il le suppose ; ce qu'il ne peut voir, il le devine. Ne voulant pas se laisser taxer d'ignorance, il cherche à tout expliquer, sans se douter bien souvent que son explication, qui semble pour le moment satisfaire à ses besoins, n'est qu'une absurdité que le temps seul peut détruire, ou que des recherches plus exactes et plus consciencieuses ne tardent pas à reléguer dans le domaine du ridicule.

C'est ainsi que, de tout temps, on a cherché à expliquer un problème dont on n'a pas encore trouvé la solution : l'origine des êtres animés.

Les anciens avaient remarqué que si on abandonne de la viande à elle-même, elle ne tarde pas à entrer en putréfaction, et on la voit bientôt couverte de petites larves semblables à des vers, qui, par leurs développements successifs, deviennent des mouches. Sans s'inquiéter davantage et sans rechercher la cause de ce phénomène, ils n'hésitèrent pas à dire que c'était la viande elle-même qui engendrait ces vers, et, pour eux, les mouches étaient des êtres organisés dont les larves étaient engendrées spontanément par la viande.

Raisonnant par analogie, ils attribuèrent la même

origine à tous les animaux dont le mode de propagation leur était inconnu. La vase des ruisseaux engendrait des vers ; celle des marais engendrait des
sangsues ; les grenouilles, les crapauds, n'avaient pas
d'autre origine ; les anguilles naissaient du limon des
fleuves ; les vers entozoaires étaient engendrés dans le
tube digestif des animaux chez lesquels ils étaient pa-
rasites ; la vase des étangs engendrait les limaces ; et
il n'est pas jusqu'à la macreuse elle-même qui, selon
des opinions formulées par l'ignorance, était engendrée
par ces mêmes limaces que la vase des étangs multi-
pliait à l'envi [1].

Comme on le voit, l'opinion de la génération spontanée marche de pair avec celle de la transformation
des espèces, et son origine n'est pas aussi récente qu'elle
le paraît ; car nous pourrions, par des exemples bien
plus nombreux, montrer que l'ardente imagination des
anciens observateurs ne s'était pas arrêtée là. Leur
esprit, prompt à prêter du surnaturel à toutes choses,
s'était aidé de ces prétendues réalités pour entrer dans
le domaine des fables, et, s'aventurant de plus en plus
dans la voie de l'inconnu imaginaire, il en vint à faire

---

[1] C'est à cette prétendue origine que la macreuse doit d'être
regardée comme aliment maigre, et que les lois religieuses en
autorisent l'usage pendant le carême.

dire que les grenouilles se changeaient en lézards, les lézards en serpents , etc., etc.

Ces opinions et ces croyances nous paraissent si extraordinaires, que nous sommes tenté , au premier abord, de les attribuer à une époque très reculée ; et cependant c'est au xviie siècle qu'elles atteignirent leur plus grand développement.

A cette époque, on voit l'alchimiste Van Helmont propager ces doctrines avec l'ardeur et le fanatisme propre à tous les adeptes. « L'eau de fontaine la plus pure , disait-il, mise dans un vase imprégné d'une odeur de ferment, se couvre de moisissures et engendre des vers. — Du linge sale , lavé dans un vase contenant des grains de froment, change ces grains en souris au bout de vingt-et-un jours environ .»

Et Van Helmont n'était pas le seul à croire à toutes ces transformations. Avant lui, Aristote avait été apôtre et partisan dévoué de la génération spontanée, et après lui et bien plus près de nous , Buffon s'en était fait le défenseur. Mais cette hétérogénie dont ce célèbre naturaliste a si éloquemment plaidé la cause, était reléguée dans le monde des animaux microscopiques, c'est-à-dire presque dans ses derniers retranchements.

Vers le milieu du xviie siècle, Redi, le célèbre naturaliste de Florence, enfermant de la viande dans des boîtes dont le couvert était remplacé par de la gaze, avait vu ces viandes entrer en putréfaction, mais aucun ver n'y paraissait et aucune mouche n'y était engendrée ; il en conclut que les mouches allaient pondre leurs œufs sur la viande, ce qu'il confirma ensuite par des expériences faites avec beaucoup de soin.

Vers 1720 environ, Dufay, le prédécesseur de Buffon dans la charge d'intendant-général du jardin des Plantes de Paris, déchirait le voile qui enveloppait de mystères l'origine et les transformations des salamandres.

Les lézards étaient pris en flagrant délit de génération sexipare.

On eut beau laver du linge sale dans de l'eau pure, il n'en sortit pas de souris, et la génération spontanée fut reconnue et déclarée inadmissible pour tous les animaux ou les végétaux dont les dimensions et le volume permettaient une observation facile.

La question de l'hétérogénie semblait donc nettement résolue, les germes étaient trouvés, et il paraissait que l'on devait à jamais laisser de côté toute idée de naissance spontanée.

Mais les choses ne devaient pas se passer ainsi.

A la même époque, c'est-à-dire vers la fin du XVIIe

siècle et le commencement du xviiie, une véritable
révolution eut lieu. La découverte du microscope et
son application aux études scientifiques vinrent fournir
un nouvel aliment aux hétérogénistes vaincus, mais
non abattus ; car dans la goutte d'eau on vit apparaître une foule de petits organismes dont on ne soup-
çonnait même pas l'existence. On la vit se remplir de
petits êtres de formes variées, doués souvent de
mouvements très-rapides, et que l'on appela animaux
microscopiques. D'où pouvaient-ils venir ? quelle était
leur origine ? qu'est-ce qui pouvait mieux expliquer
leur apparition que la génèse spontanée ? Et c'est aussi
à elle qu'on s'empressa de l'attribuer. Mais cette fois
elle fut reléguée dans le champ étroit du microscope, où
chaque jour amenait la découverte de quelques nouveaux organismes.

Comme auparavant, deux camps se formèrent : du
côté de l'hétérogénie s'étaient rangés, Buffon qui per-
sistait toujours à voir dans la matière morte des êtres
organisés un reste de vitalité capable de donner la vie
à de nouveaux éléments, et le savant Needham, prêtre
catholique anglais, dont les expériences servaient de
bases aux théories de Buffon. Du côté opposé on re-
marquait surtout l'abbé Spallanzani, professeur
d'histoire naturelle et directeur du musée de Pavie.

La lutte s'engagea, et aux publications de Needham et de Buffon, Spallanzani répondit par son ouvrage intitulé : *Observations microscopiques sur le système de la génération de Needham et de Buffon* [1].

Pour expliquer l'apparition prétendue spontanée, il admettait ce qu'il appelait des *germes préexistants*, et toute la question consistait alors, comme aujourd'hui, à savoir si l'on pouvait détruire ces germes sans empêcher la génération de se produire; ou bien, si on pouvait constater l'apparition d'êtres vivants en se mettant à l'abri de tous les agents extérieurs; et alors furent faites les expériences que l'on a vues se répéter de nos jours.

Des matières putrescibles furent plongées dans de l'eau que contenaient des ballons ; on portait cette eau à l'ébullition prolongée; on soudait l'ouverture des vases, et quelque temps après on en examinait le contenu.

Loin de s'avouer vaincu, Needham objectait que, par l'ébullition et le feu, Spallanzani modifiait l'air des ballons et le rendait tellement impropre à la vie, que tout organisme qui aurait pu s'y développer n'aurait pas tardé à périr. Selon lui, toute la force

[1] In-8° ; Modène, 1767.

végétative que possédaient les matières organiques déjà mortes, était détruite, et, d'après le savant professeur de Pavie, c'étaient les germes qui disparaissaient ainsi.

Que manquait-il pour compléter ces expériences ? Des appareils convenables pour analyser l'air.

Longtemps après, le docteur Schwann, guidé par les expériences des savants qui ont illustré les commencements de notre siècle, entreprit de nouveaux essais. Ses résultats prouvèrent nettement que l'air calciné empêche complètement toute production d'infusoires, mais n'arrête pas cependant la fermentation, surtout lorsqu'on expérimente sur des substances glucogéniques.

Ce n'était pas encore assez de soumettre les infusoires à des ébullitions prolongées, de chauffer l'air à 300°; il fallait empêcher que l'air pût apporter dans les liquides les germes qu'il tenait en suspension. C'est ce que firent, en 1854, MM. Schultze et Schræder. Ils ne reçurent dans leurs ballons que de l'air filtré à travers du coton, et les résultats obtenus par cette méthode furent négatifs, tant qu'ils opérèrent sur des substances mises en présence de l'eau. Dans les autres cas, la putréfaction, la fermentation et la production d'infusoires se montrèrent.

M. Schræder vit dans ces faits l'analogue de ce qu'il

put constater dans la cristallisation des dissolutions saturées à l'excès. Si l'on met en contact avec ces dissolutions de l'air filtré sur du coton, il n'y a pas de cristallisation ; vient-on à retirer le coton et à laisser pénétrer de l'air ordinaire, immédiatement les cristaux se forment. Dans une infusion, tamise-t-on l'air, il n'y a pas production d'infusoires ; le laisse-t-on arriver librement, il y a apparition d'êtres organisés.

A quoi est dû ce phénomène ? C'est précisément ce qu'on ne peut pas encore expliquer.

Malgré toutes ces découvertes et ces belles expériences, la question semblait être restée en litige, lorqu'en 1859 M. Pouchet, professeur au muséum de Rouen, vint la soulever, en lui donnant une grande importance et une impulsion remarquable.

Dans un mémoire adressé à l'Académie, il annonçait de nouvelles expériences et des résultats concluants. C'était surtout sur le foin qu'il expérimentait. Il commençait à le chauffer dans une étuve jusqu'à 110° et pendant une heure, afin de détruire les germes que ce foin aurait pu porter ; puis il le faisait macérer dans de l'eau artificielle, en présence d'air également artificiel, et n'en voyait pas moins l'infusion, ainsi mise à l'abri de toutes les causes extérieures, se peupler d'infusoires. Ils ne pouvaient donc provenir, selon lui, que d'une génération spontanée ; car, dans son opinion, la température de 110°, à laquelle le foin avait d'abord été soumis, avait détruit dans les germes tout principe de vie. C'est précisément cette opinion qui ne fut pas acceptée par l'Académie ; mais la vieille question reparaissait à l'horizon, elle était posée de nouveau, il fallait s'occuper de la résoudre !

C'est alors qu'intervint un chimiste de haute renommée scientifique, M. Pasteur. Les travaux précédents que ce savant avait entrepris sur les fermentations, travaux dans lesquels il démontrait que les fermentations étaient dues à de petits êtres organisés, étaient pour lui autant de titres dont il pouvait se prévaloir pour entrer dans la lice. Ainsi fit-il, et de nouveau furent reprises les expériences de Spallanzani et de Needham. Mais cette fois elles étaient conduites par des mains plus habiles, les appareils étaient plus complets, et les moyens d'expérience permettaient des observations beaucoup plus exactes.

Pour M. Pasteur, comme pour Spallanzani, il s'agissait de prouver la présence, dans l'air, des germes que M. Pouchet s'efforçait de nier ; et pour soutenir son opinion, M. Pouchet s'appuyait sur les expériences suivantes : dans des matras, il mettait des substances putrescibles en macération dans de l'eau purement

2

artificielle, ne laissait arriver dans les vases que de l'air artificiel ou de l'air ordinaire, mais forcé préalablement de traverser des tubes portés à de très-hautes températures ; l'eau des ballons était ensuite portée à une ébullition très-prolongée, l'ouverture était soudée à la lampe, et si, au bout de quelques jours, on ouvrait le ballon, on trouvait l'infusion peuplée d'infusoires.

M. Pouchet faisait observer que, dans ses diverses opérations, il détruisait complètement la vie des germes, en supposant et en admettant que ces germes existassent, car il prouvait que, dans de pareilles conditions, nul être organisé, même l'infusoire le plus simple, ne pouvait continuer de vivre. Or, selon lui, les germes étant détruits, les infusoires ne pouvaient provenir que d'une génération spontanée.

Mais que se passait-il dans les infusions ?

Au bout d'un temps variable suivant certaines circonstances, on voyait apparaître à la surface du liquide une pellicule d'abord très-mince, qui allait ensuite en s'épaississant. Quelques-unes des molécules se groupaient autour d'un centre commun, qui prenait bientôt la forme de cellule. Cette cellule ovigène allait toujours se transformant, et donnait bientôt naissance à une monade. Cette membrane primitive était pour

M. Pouchet une pellicule proligère, qu'il appelait le *stroma proligère*, par analogie avec le stroma des œufs des animaux supérieurs.

Mais ce qui se passait là n'était qu'un fait embryogénique ; aussi vit-on la question considérée sous ce point de vue embrassée par M. Coste, aidé en cette circonstance par ses savants préparateurs, MM. Gerbe et Balbiani. Ils prouvèrent que le fait de la génération des monades ne pouvait être attribué à cette membrane, prétendue proligère, puisqu'ils avaient trouvé dans les infusions des monades développées avant la formation de la pellicule. Cette dernière ne pouvait donc être la membrane génératrice de ces infusoires.

M. Gerbe alla même plus loin ; par des recherches exactes et savantes, il montra que ce que M. Pouchet avait pris pour la formation de la monade, n'était en réalité que l'évolution de la monade elle-même ; évolution que M. Gerbe observa et décrivit parfaitement.

D'un autre côté, un naturaliste remarquable, M. Doyère, avait prouvé qu'à certaines périodes de leur existence il était des infusoires qui pouvaient s'enkyster, c'est-à-dire qu'ils commencent par sécréter une sorte d'humeur visqueuse dont ils entourent leur corps ; peu à peu cette humeur se dessèche, l'animal abandonne momentanément ses propriétés vitales, et, enfermé ainsi dans ce kyste ou sphère qui le met à l'abri des agents extérieurs, il peut supporter des températures excessives, et continuer à vivre dans des conditions qui lui seraient funestes s'il jouissait, comme avant son enkystement, de toutes ses propriétés.

Pour prouver la présence dans l'air des germes tant discutés, M. le Dr Lemaire condense les vapeurs de l'atmosphère, recueille le produit de cette condensation, l'examine, et y trouve en grand nombre des corpuscules arrondis et organisés.

A côté de ces expérimentateurs habiles, et pour les soutenir dans leurs travaux comme dans leurs opinions, se rangèrent des savants non moins remarquables, MM. Dumas, Payen, de Quatrefages, Milne-Edwards, et un grand nombre des membres de l'Académie.

L'hétérogénie ne voyait pas sa cause défendue par un seul homme, et M. Pouchet eut aussi des auxiliaires; ce furent MM. Joly et Musset, à Toulouse, et en Italie M. Mantegazza.

Dans les conférences de la Sorbonne, M. Pasteur avait savamment plaidé la cause de la panspermie. Sa parole éloquente avait entraîné un auditoire avide de savoir et d'apprendre. Dans les conférences de l'École

de médecine, M. Joly avait élevé la voix en faveur de
l'hétérogénie ; son appel avait été entendu , et des ac-
clamations accueillirent l'ardent champion de la génération spontanée.

Des expériences faites de part et d'autre avaient
donné des résultats différents, les débats étaient deve-
nus publics : il fallait un jugement.

C'est alors que l'on convint d'exécuter en commun
les expériences. Une commission fut nommée, et, au
jour dit , les adversaires se trouvaient au rendez-
vous.

La discussion n'eut pas la fin que l'on en atten-
dait, et, faute de pouvoir s'entendre, on fut obligé de
se séparer sans avoir pu achever convenablement une
seule expérience. M. Pasteur resta seul en présence
des juges, et termina néanmoins ses expériences.

Les hétérogénistes se retiraient assez désappointés
et mécontents, quand M. Frémy eut l'idée de leur
offrir l'hospitalité dans son laboratoire. Ils purent à
leur aise s'y livrer à toutes leurs manipulations, et
recommencer en présence de ceux qui avaient bien
voulu les suivre, la série d'expériences que nous avons
déjà citées. Cette fois ils opéraient avec encore plus
d'exactitude qu'auparavant, et leurs résulthts étaient
toujours les mêmes. Ils se bornaient à placer leurs

infusions dans des conditions où ils détruisaient (au moins le pensaient-ils ainsi) tout germe de vie, et ils voyaient cependant apparaître des êtres organisés.

Pendant ce temps, M. Pasteur n'était pas resté inactif. Il avait filtré l'air sur du fulmi-coton qu'il avait dissous dans un mélange d'alcool et d'éther, et le résidu contenait des matières organiques et des germes. Il avait rempli des ballons d'un air puisé sur le sommet de hautes montagnes, au niveau des neiges éternelles, et il avait trouvé cet air moins riche en germes et en matières organiques que celui qu'il puisait au-dessus des cités. Après avoir ainsi analysé minutieusement l'atmosphère, et après y avoir constaté la présence des germes, il s'était attaché à prouver que l'on ne détruisait pas la vie de ces germes, et ses résultats lui avaient donné raison.

En effet, si M. Pouchet avait, dans une étuve, chauffé le foin à 110° et même au-delà, M. Pasteur avait prouvé que cette température était insuffisante à détruire la vie, puisque des grains de blé, soumis aux mêmes conditions, ne perdaient pas leur faculté germinative.

A M. Pouchet, qui niait la présence des germes dans l'air, M. Pasteur répondit par ce qu'il a appelé l'ensemencement. Il étirait le col de ses ballons, contournait un certain nombre de fois ces cols, et voyait l'air, qui était obligé de traverser ces différents coudes, déposer sur chaque paroi les germes qu'il charriait. L'infusion demeurait alors vierge de toute production organique. Mais si on la promenait sur chacun des coudes successifs, elle y ramassait les germes que l'air avait déposé, et les infusoires ne tardaient pas à apparaître. M. Pasteur arrivait au même résultat en semant dans les infusions les germes qu'il avait recueillis à l'aide du fulmi-coton.

Enfin, dans sa séance du 20 février 1865, l'Académie eut le plaisir d'entendre M. Balard lire un rapport qui était l'expression de l'opinion de MM. Flourens, Dumas, Brongniard, Milne-Edwards, préalablement constitués en commission pour juger définitivement la question. Ce rapport établit que « les faits observés par M. Pasteur, et contestés par MM. Pouchet, Joly et Musset, sont de la plus parfaite exactitude. »

Et tous ces longs débats ont prouvé que la génération spontanée ne peut être admise et doit être réfutée, soit que l'on s'appuie sur l'expérience, comme nous venons de le faire dans cette simple énumération des faits accomplis, soit que l'on n'emploie que le simple raisonnement, comme nous le ferons dans nos conclusions.

GÉNÉRATION SCISSIPARE, OU SCISSIPARITÉ.

La génération spontanée suppose qu'un être vivant ne doit pas son origine à un autre être doué comme lui de propriétés vitales. Il n'en est pas de même pour les autres modes de multiplication des êtres organisés ; car, dans tous les autres cas, chaque individu joue un rôle plus ou moins important dans la reproduction de son espèce.

Aussi, quelques auteurs ont-ils divisé les générations en *hétérogènes* et *homogènes*. Pour eux, la génération hétérogène était celle dans laquelle le milieu où l'être organisé puisait les sources de la vie, était complètement différent de lui-même ; et la génération homogène était celle dans laquelle chaque individu, pour se former, empruntait à un autre une partie de son organisme. De plus, deux subdivisions existaient dans cette dernière : l'individu pouvait fournir tous les matériaux, et alors la génération était dite *monogénèse* ou *asexuelle* ; ou bien les individus fournissaient chacun une partie des éléments, et cela constituait la génération *digénèse* ou *sexuelle*.

Le cas le plus simple de la génération monogène est celui dans lequel l'animal se segmente lui-même pour reproduire son semblable. Cette segmentation peut se faire directement, et ce mode de multiplication prend alors le nom de *scissiparité*, ou par l'intermédiaire de ce que l'on appelle un bourgeon, et on a alors la *gemmiparité*.

Il est des animaux et des végétaux dont la structure, extrêmement simplifiée, ne permet pas d'apercevoir même des traces d'un appareil générateur quelconque. Mais si de pareils organes leur manquent, ils peuvent y suppléer par le tissu même de leur corps. Les êtres *unicellulaires* (nom qu'on a donné à ces organismes inférieurs qui se présentent sous la forme d'une cellule de forme variable) sont ceux qui possèdent au plus haut degré cette simplification dans la structure organique. Chez eux, en effet, il n'y a de traces d'aucun organe. Chez quelques-uns seulement, la cellule est entourée de cils vibratiles destinés au mouvement ; chez d'autres, une simple fente constitue la bouche ; chez d'autres encore, un point est le siége de la vue. Mais, presque chez tous, il n'y a pas d'appareil particulier à chacune des grandes fonctions de l'organisme.

Si l'on examine le mode de propagation de ces petits êtres, on voit la matière contenue dans les cellules se grouper, à un certain moment, autour d'un centre qui devient ainsi un centre d'attraction moléculaire.

Le plus souvent, ce sont deux centres d'attraction que l'on voit se former dans la même cellule ; quelquefois, mais plus rarement, un plus grand nombre.

Peu à peu, ces deux centres ont attiré autour d'eux assez de matière pour former un véritable noyau ; la cellule primitive s'allonge, se rétrécit dans son milieu, de manière à former un huit de chiffre, dans chaque moitié duquel se trouve un noyau. L'allongement va en augmentant, le rétrécissement devient plus considérable, et peu à peu les deux moitiés, tendant toujours à s'éloigner l'une de l'autre, finissent par se séparer complètement.

On a vu se former deux individus, et la cellule mère a disparu.

Chacune de ces cellules filles va à son tour se développer et se diviser en deux autres qui jouiront de la même propriété, et ainsi de suite.

C'est ce que l'on peut observer facilement chez les végétaux du genre protococcus et quelques autres. Une espèce de protococcus de couleur rouge se rencontre souvent sur la neige, à laquelle il communique une couleur de sang. Wrangel pensait que c'était un aérophyte, d'autres le croyaient engendré par la lumière solaire.

Si l'on considère, même dans les infusoires, quelques animaux un peu plus élevés en organisation, les choses ne se passent pas autrement ; avec cette seule différence que le centre d'attraction n'est plus un simple point autour duquel viennent se grouper les particules de matière organique.

Chez les paramécies, par exemple, chez les kérones et autres, un étranglement se fait dans le milieu du corps ; la partie inférieure se garnit de cils, une ouverture vient former la bouche, l'étranglement augmente, la séparation se fait, et on a deux animaux complets qui vont, eux aussi, se reproduire, ou plutôt se multiplier de la même façon.

Il est des infusoires chez lesquels cette scission du corps se fait dans le sens longitudinal, d'autres chez lesquels elle se fait transversalement. Les navicules peuvent offrir des exemples de l'un et de l'autre cas. Les bacillaires présentent une fissiparité longitudinale.

De pareils cas sont fréquents et peuvent se retrouver souvent dans la classe des infusoires, mais ils deviennent de plus en plus rares à mesure qu'on s'élève en organisation, et on n'en trouve plus de traces que dans quelques vers, et en particulier chez ceux du genre naïs, sur lesquels nous aurons occasion de revenir à propos de la génération alternante.

L'Italien Beccaria avait été un des premiers à signaler ce fait de la génération scissipare, mais il lui avait donné une signification bien différente, car il avait cru voir dans ces deux parties, jointes d'abord et se séparant ensuite, un accouplement, et il l'avait décrit comme tel. C'est à de Saussure que revient le mérite d'avoir le premier donné une explication juste de ce phénomène, et grâce aux travaux de Leuwenhœck, de Müller, d'Ehrenberg, de Dujardin et autres célèbres micrographes, on a pu avoir des notions exactes sur ce mode de multiplication.

La multiplication par scissiparité n'est pas seulement propre à des animaux ou à des végétaux complets, mais elle se retrouve aussi très-fréquemment dans beaucoup de tissus organiques; le phénomène connu sous le nom de prolifération des cellules n'est, dans le plus grand nombre de cas, qu'une multiplication scissipare.

GÉNÉRATION GEMMIPARE, OU **GEMMIPARITÉ**.

La génération gemmipare n'est, en quelque sorte, qu'une modification de la précédente. On pourrait, en effet, considérer le bourgeon naissant comme un véritable centre d'attraction, autour duquel viennent se grouper les molécules que le fils emprunte à la mère, et, en réalité, il ne se passe pas autre chose. On a, du reste, remarqué tant de ressemblance entre les deux, qu'on n'a pas hésité, comme nous l'avons déjà dit, à les grouper dans une même catégorie : celle de la génération monogénèse, dont elles ne sont l'une et l'autre que des subdivisions.

Ce n'est guère que vers le xviiie siècle que la génération gemmipare a commencé à être convenablement étudiée chez les animaux.

Depuis très-longtemps déjà, on avait observé chez les végétaux le fait du bourgeonnement, et on n'avait songé à établir aucune comparaison entre ce qui se passe dans les plantes et ce que l'on voit se produire dans le règne animal. Ce fut Trembley qui, par des études remarquables faites sur l'hydre verte des eaux douces, fit voir, un des premiers, un mode de multiplication que l'on pouvait en tout comparer au bourgeonnement des plantes.

Plus tard, Gœthe, s'aidant des expériences de Trembley et établissant une comparaison plus judicieuse, émit l'idée de ce que l'on appelle aujourd'hui le polypier végétal. Il développait, en même temps, ses idées sur les métamorphoses des plantes, dans ses OEuvres

d'histoire naturelle, dont M. Ch. Martins a donné une
traduction si exacte.

Des expériences plus récentes sont venues confirmer
ces faits, et M. Paul Gervais s'est attaché, il y a déjà
quelque temps, à démontrer la grande ressemblance
et la grande analogie qui existent entre la formation
d'un tronc par les bourgeons et la formation d'un polypier par les polypes. Pour cet éminent zoologiste, il
n'y a dans ces deux cas qu'un seul fait, celui de la
multiplication gemmipare. C'est ce qu'il a longuement
développé dans son remarquable travail sur *les métamorphoses des organes et les générations alternantes*[1].

Qu'est-ce donc que cette multiplication gemmipare?

Pour la bien comprendre, assistons au développement complet et à la formation d'un polypier.

Un petit corps, de forme sphérique ou ovalaire,
constitue un œuf. Cet œuf s'entoure bientôt de cils vibratiles; d'autres fois il se transforme en une espèce de
ver allongé et devient dans tous les cas une larve. Cette
larve est mobile, elle erre quelque temps et ne tarde
pas à se fixer à l'endroit qui lui a paru le plus con-
venable pour son développement. Bientôt elle se rac-
courcit, semble rentrer en elle-même en enfonçant

[1] In-8°; Montpellier, 1860.

d'abord sa partie supérieure ; autour de sa bouche se forme un bourrelet sur lequel ne tardent pas à se développer des bras, et la larve est devenue un polype. Sur la surface extérieure de ce polype apparaît d'abord un petit tubercule, qui va en augmentant de plus en plus et finit par devenir, à son tour, un polype complet. Il s'est développé en même temps plusieurs de ces bourgeons, et sur chacun des animaux qui en sont le résultat, il s'en formera d'autres qui engendreront à leur tour de nouveaux polypes, et ainsi de suite. Mais chacun de ces petits êtres ne se contente pas de multiplier ; il secrète en outre une sorte de matière, tantôt molle, tantôt pierreuse, et le polypier est constitué ; chaque animal a fourni sa part de travail dans la formation de la colonie entière.

Il se passe donc là deux faits : celui de la gemmiparité, et celui de la génération alternante ; car chacun de ces polypes peut, à son tour, fournir un œuf qui ira, passant par les phases que nous venons d'énumérer, fonder une nouvelle colonie.

Envisageons seulement et pour le moment le fait de la génération gemmipare.

Nous avons vu le polype prendre naissance par un tubercule. Ce tubercule ou bourgeon peut se développer, tantôt à la surface externe du corps du polype mère, tantôt à la surface interne. Le développement du bourgeon à la surface interne s'observe principalement chez des animaux autres que les polypes, tels que les volvox et quelques autres infusoires.

On a donc ce qu'on appelle la gemmiparité externe et la gemmiparité interne. Dans les deux cas, les choses se passent absolument de la même manière. C'est d'abord un tubercule; ce tubercule augmente peu à peu, prend de plus en plus la forme de l'animal, et finit, arrivé pour ainsi dire à maturité, par se séparer du corps sur lequel il avait pris naissance.

La gemmiparité interne peut facilement être assimilée à la scissiparité, et a avec elle encore plus d'analogie que la gemmation externe. En effet, si on examine le mode de multiplication des volvox, on voit le bourgeon développé à la surface intérieure du corps, grandir peu à peu; lorsqu'il est arrivé à un point de développement capable de le faire subsister par lui-même, il s'opère, à son niveau, une fissure qui va en s'agrandissant, et il y a alors une véritable séparation par scission.

Dans la gemmation externe, la scission s'opère par un étranglement qui a lieu à la base du polype engendré. Ce dernier mode de multiplication s'observe très-bien chez le plus grand nombre de polypes; soit chez les polypes dits *à polypier*, tels que les coraux, les sertulaires, les gorgones, les pennatules, etc.; soit chez les polypes *sans polypier*, tels que les hydres, les vorticelles, etc. Chez ces derniers, le bourgeonnement donne lieu à une sorte de scissiparité longitudinale, qui fait ressembler le polype en train de multiplier à un bouquet de petites fleurs réunies par la base de leurs tiges.

Ce fait de la gemmiparité interne avait donné à C. Bonnet l'idée d'une théorie qu'il a appelée l'emboîtement des germes. Selon lui, l'animal naissait portant déjà en lui les germes qu'il devait développer plus tard ; et ce qui donnait le plus d'importance à sa théorie, c'était précisément la présence des bourgeons internes dans le corps des volvox.

Nous retrouverons de nouveaux exemples de multiplication par bourgeonnement chez quelques-uns des animaux dont nous allons parler à propos de la génération alternante.

GÉNÉRATION ALTERNANTE, OU **PÉRIODOGÉNIE**.

Plus récente encore que la scissiparité, la génération alternante n'a guère été bien observée que dans notre siècle, et beaucoup de faits que l'on est obligé de lui

3

attribuer aujourd'hui, étaient considérés comme relatifs aux deux modes de génération que nous venons d'énumérer.

Les nombreux changements de forme auxquels cette génération donne lieu, avaient plus d'une fois induit en erreur les naturalistes, même les plus célèbres. Et plus d'une espèce avait été créée, qui n'était qu'une forme passagère d'un animal en apparence bien différent. Aussi, la définition de l'espèce qui veut qu'elle soit « la réunion d'individus *semblables*, provenant les uns des autres *par voie de génération* » , se trouve-t-elle controversée par toutes les données de la génération alternante.

Bonnet, par ses recherches sur le mode de multiplication des pucerons, avait été un des premiers à observer ce fait : qu'il pouvait y avoir des générations sans le secours du mâle. Il avait puisé, dans ces observations elles-mêmes, des arguments en faveur de sa théorie. C'est le propre des animaux supérieurs, disait-il, de ne féconder qu'un seul œuf à la fois ; tandis que, chez les animaux inférieurs, il peut, dans un seul accouplement, y avoir fécondation de plusieurs germes qui écloront successivement les uns après les autres. De sorte que selon M. de Quatrefages, qui a rendu cette pensée encore plus clairement, ce ne se-

rait pas un individu qui serait fécondé, mais toute une
génération, et ce dernier avait proposé, pour exprimer cette idée, le mot de *généagénèse*, ou engendrement
de générations.

Bonnet disait en outre que les œufs n'interrom-
paient cette série de générations que pour accomplir leur
destinée de conservateurs de l'espèce. Il avait, en effet,
remarqué que les œufs étaient pondus en automne,
et que, supportant la température et les conditions
climatériques de l'hiver, ils donnaient naissance, à
l'époque du printemps, à des animaux qui, comme eux,
n'auraient pu résister aux agents extérieurs.

Le même fait s'observe chez quelques polypes, où
l'on voit un individu, né par bourgeonnement, rester
complètement stationnaire et presqu'à l'état de larve
pendant tout l'hiver ; tandis qu'au printemps il se
met à végéter et à reproduire tout une série génératrice.

Rœsel, Müller, remarquant ce qui se passe chez certains animaux de la classe des vers, attribuèrent leur
reproduction toute particulière à la scissiparité.

Dans son voyage de circumnavigation avec le capi-
taine russe Otto de Kotzebue, Adelbert de Chamisso
avait pu observer la génération alternante des tuni-
ciers pélagiens du genre *salpa* (biphores). Mais les
notions de cette génération étaient encore si incomplè-

tes, que de Blainville lui-même n'hésitait pas à avouer qu'il ne concevait pas trop ce que voulait dire M. de Chamisso. Ce n'est qu'en 1842 que la question fut complètement élucidée par l'apparition de l'ouvrage de M. Steenstrup sur la génération alternante. M. Richard Owen, par la publicaton de son traité sur la *Parthénogénésie*, augmentait les documents. M. de Quatrefages, par ses études sur les générations des insectes, ajoutait aux notions déjà acquises. M. Van Beneden, par ses belles études sur les vers, et en particulier les entozoaires, caractérisait nettement la génération alternante; et enfin, M. Paul Gervais, dans la thèse remarquable que nous avons déjà eu l'occasion de citer, donnait à cette question tout le développement et l'importance qu'elle mérite.

Pour bien comprendre la génération alternante, il faut l'envisager successivement chez les principaux animaux, ou tout au moins dans les grandes classes qui présentent ce mode de multiplication. Les phases par lesquelles elle passe sont à peu près les mêmes pour tous ; mais il y a cependant des différences qui, pouvant être rapportées à un type unique, n'en sont pas moins sensibles.

Nous ne passerons en revue, et d'une manière rapide, que les principaux types de la génération alternante, nous réservant de reprendre plus tard tous ces faits et ceux qui précèdent, dans un travail plus complet que celui-ci, et qui nous permettra des développements que ne comporte pas ce simple mémoire.

D'une manière générale, les divers états de la génération alternante peuvent être définis comme suit : L'animal est d'abord à l'état d'*œuf* ; sous cette forme, il provient d'une génération sexipare, et donne naissance à une larve. Cette larve devient ce que M. Van Beneden a proposé d'appeler un *scolex* ; sous cette nouvelle forme l'animal continue à croître, à se nourrir, et finit par se fixer. C'est alors qu'il se met à engendrer, le plus souvent par gemmiparité, d'autres fois par scissiparité, des animaux qui restent encore unis les uns aux autres, et qui forment, par leur ensemble, une sorte d'animal composé qui prend le nom de *strobile*. Pour Chamisso, l'état de strobile constituait un *stirps*. Les articles ainsi engendrés sont en général sexiés et le strobile se trouve, par cela même, être l'état du scolex accompagné de ses individus générateurs. Chacun de ces individus générateurs, pourvu de sexe, se sépare bientôt et constitue le *proglottis*. C'est à l'état de proglottis que l'animal engendre par sexiparité et reproduit le premier état, point de départ de la colonie primitive, c'est-à-dire l'*œuf*.

Ces différents noms de strobile, scolex, proglottis, etc., ne sont pas autre chose que les noms d'espèce dont on avait gratifié les différentes formes sous lesquelles se présente un animal soumis aux lois de la génération alternante ; formes qui avaient été décrites comme autant d'espèces différentes, et dont on a étendu les noms à ces états passagers.

Si maintenant nous examinons ce qui se passe chez les animaux inférieurs, chez les cristatelles, par exemple, nous voyons sortir d'un œuf un polype qui, engendrant par bourgeonnement, formera une association de polypes jouissant de la génération ovipare, et faisant ainsi indéfiniment recommencer le cycle de leur génération. Chez les biphores, l'œuf produit un biphore isolé, neutre, qui, semblable au polype de la cristatelle, engendre par bourgeonnement des biphores sexiés hermaphrodites, lesquels pourront pondre des œufs. Les biphores présentent, en outre, cette particularité, qu'ils peuvent être vivipares sous tous les états. La même succession de phénomènes se remarque chez les ascidies composées, dont l'œuf donne naissance à une larve mobile qui se fixe pour engendrer, par bourgeonnement, des individus sexiés.

A propos de la génération scissipare, nous avons parlé des volvox, et nous les avons montrés se repro-

duisant à l'aide d'une véritable segmentation. Mais cette
segmentation ne représente, en quelque sorte, qu'un
état de la génération alternante ; car, si l'on examine
chacun des individus nés par scission, on le voit,
tombé dans l'eau, se mettre à engendrer, par bourgeonnement, des individus qui, formant avec lui une
colonie, restent enfermés dans une membrane com-
mune ; et à la rupture de cette membrane, chacun de
ces petits êtres se sépare pour fonder, lui aussi, sa
colonie reproductrice.

Chez les méduses, nous retrouvons encore la génération alternante. En effet, c'est d'abord un œuf donnant naissance à une larve mobile, ou scolex. Cette
larve se fixe et devient un polype à bras. Les bras de
ce polype disparaissent, son corps s'allonge et se segmente en disques superposés : c'est le strobile. Chacun
de ces disques se sépare de la colonie, acquiert des
sexes et engendre des œufs : c'est le proglottis.

Chez certains animaux pélagiens appelés mollusques
agrégés, bryozoaires, etc., on voit des agglomérations
d'êtres organisés, de véritables colonies d'animaux vivants, ayant chacun une attribution particulière. C'est
ainsi que les uns sont exclusivement nourriciers, d'autres sont locomoteurs et d'autres sont générateurs. Les
uns mangent pour tous, les autres marchent pour le

service de la colonie tout entière, les derniers enfin sont chargés de conserver l'espèce. Si l'on compare les échinodermes à ces colonies, c'est-à-dire si on les trouve formés par plusieurs individus réunis autour d'un centre commun, n'ayant qu'une bouche et qu'un anus pour tous, etc., on voit se répéter dans cette classe d'animaux ce qu'on trouve chez les premiers, la génération alternante. La larve mobile se fixe, engendre la colonie par bourgeonnement, et de cette colonie sortent des œufs.

Mais c'est surtout dans la classe des vers, et en particulier chez les *tœnias*, que la génération alternante a été le mieux observée. Si nous n'avons pas à faire ici l'histoire de ces entozoaires, nous ne devons pas moins parler de leurs évolutions. De tout temps ils ont occupé l'esprit des naturalistes, et, comme nous l'avons dit plus haut, on les a pendant longtemps attribués à une génération spontanée. Linné pensait qu'ils provenaient des petits vers que l'on trouve dans les racines des plantes marécageuses. Aujourd'hui, grâce à de nombreux travaux, tels que ceux de Rudolphi, de Bremser, de Sieboldt, Leukart, Eschricht, Van Beneden et autres, leur multiplication est bien connue et ne prête plus à aucune supposition.

Prenons le tænia à l'état d'*œuf* : nous le voyons donner

naissance à une petite larve hexacanthe, semblable à un petit ver dont la partie céphalique est munie de six crochets. Sous cette forme, il constitue ce que l'on appelle le *proto-scolex*. Parvenu à cet état, il abandonne le tube digestif, où il s'est développé, s'infiltre à travers les tissus, dans l'épaisseur desquels il va s'enkyster. Ainsi enkysté, il est passé à l'état de *deuto-scolex* ou *hydatide*; il répond alors à ce que l'on appelle vulgairement *la tête*. Les six aiguillons ont disparu, une couronne de crochets sont venus les remplacer ; au-dessous de cette couronne se sont ouvertes quatre ventouses, et la partie inférieure s'est étirée en forme de col. Si l'animal reste enkysté, plusieurs têtes semblables se développent, ce qui prouve bien le fait d'une génération analogue à celle que nous avons eu occasion d'observer chez les polypes. Si, au lieu de demeurer enfermé dans son kyste, il passe dans le tube digestif de quelque animal, et qu'il s'y trouve dans des conditions favorables à son développement, il engendre, par sa partie postérieure, une série d'anneaux dont le nombre va toujours en augmentant. Ces anneaux sont pourvus de sexes et peuvent représenter un animal complet qui se détache de la colonie, ou *strobile*, pour passer à l'état de *proglottis* ou *cucurbitain*, et ces cucurbitains donneront des œufs.

Les mots de *cysticerque*, de *cœnure*, d'*échinocoque*, sont synonymes de l'*hydatide* et désignent le même état.

Pour les autres cestoïdes, les choses se passent absolument de la même manière, avec quelques différences dans la structure et dans les formes : ainsi, par exemple, le scolex des *tétrarhynques* est armé d'une trompe au lieu de crochets.

Les distomes, les monostomes, les catenules, sont tous soumis aux lois de la génération alternante, et leurs *scolex* sont enfermés dans des poches qui ont pris le nom de *sporocystes*.

Enfin, pour terminer cette revue rapide des faits relatifs à la génération alternante, nous pourrions parler des naïs. Rœsel et Müller ont été les premiers à faire connaître la génération des naïs ; mais c'est surtout à MM. Paul Gervais et Van Beneden que l'on doit les indications les plus exactes. Ces auteurs ont montré que dans le fait des naïs s'engendrant par une sorte de scissiparité et par les derniers anneaux de leurs corps, il n'y avait pas autre chose qu'une véritable génération alternante.

GÉNÉRATION VIRGINALE, OU **PARTHÉNOGÉNÉSIE.**

Il nous resterait encore, pour terminer ce qui est relatif aux divers modes de multiplication des animaux, à parler de cette singulière faculté qu'ont certains êtres organisés de produire sans rapprochements sexuels, d'enfanter des petits vivants ou des œufs sans le secours d'un élément mâle.

Cette sorte de génération a été appelée *parthéno-génésie*, parce qu'on considère la mère comme enfantant à l'état de virginité.

Mais cette génération peut, en quelque sorte, rentrer dans le cas précédent, surtout si on la compare à ce qui se passe chez les trématodes. En effet, les tubes prolifères d'où naissent les jeunes individus ne sont pas autre chose que des véritables sporocystes. Et dans le fait des générations sexiées succédant aux générations dépourvues de sexe, et dans celui des œufs pondus en automne et destinés à conserver l'espèce pendant l'hiver, il n'y a pas autre chose encore qu'une véritable génération alternante.

Mais la parthénogénésie présente un fait bien plus remarquable et qui lui a valu, en particulier, sa distinction d'avec les autres modes de multiplication :

c'est la propriété dont jouissent les individus doués de la génération virginale, de ne produire exclusivement, tantôt que des mâles, tantôt que des femelles, et d'autres fois des neutres.

Cette production exclusive de mâles porte le ncm d'*arrénotokie*, et les individus parthénogénésiques sont principalement : parmi les hyménoptères, les *abeilles*, les *guêpes* ; parmi les hémiptères, les *pucerons*, les *cochenilles*, et quelques espèces encore parmi les lépidoptères.

CONCLUSIONS.

Si nous résumons tous les faits que nous venons d'énumérer, nous voyons aisément les animaux présenter des modes de multiplication bien tranchés et bien caractérisés, que l'on peut facilement ramener à trois types principaux.

Ce sont d'abord la génération sexuelle, puis la génération asexuelle, et enfin une série de multiplications présentant à la fois pour une même espèce, et la génération sexuelle, et la génération asexuelle.

Laissant de côté la génération sexuelle proprement dite, ainsi que l'indique le titre même de notre mémoire, nous n'avons envisagé que les autres modes de génération, et nous avons vu partout se répéter ce même fait que Lallemand avait déjà pressenti : que la reproduction n'est que la suite et la conséquence d'une nutrition exagérée ; car on voit toujours l'animal commencer par se nourrir pour lui-même, et, arrivé au terme extrême de cette nutrition individuelle, il continue encore à se nourrir, non plus pour lui, mais pour se reproduire.

La génération asexuelle nous a montré l'individu se

désorganisant pour ainsi dire, c'est-à-dire engendrant au détriment de ses tissus ; et quoique cette désorganisation ait lieu suivant des modes bien différents, elle s'est montrée sous des principes toujours les mêmes. Ces principes nous ont fait voir l'individu se reproduisant sans le secours d'aucun élément générateur, et se reproduisant, non pas en vertu de forces génératrices qu'il aurait reçues en ligne indirecte par une fécondation antérieure, mais par sa force particulière, individuelle, et qui semble tenir, nous le répétons, à un excès de nutrition.

La génération alternante semblerait, au contraire, pouvoir expliquer cette force génératrice transmise à un individu à travers toute une série de générations, si certains faits relatifs à la parthénogénésie ne venaient contrarier et supprimer cette hypothèse. La parthénogénésie n'est, en quelque sorte, qu'une dépendance et une modification de la génération alternante, et elle nous montre des œufs destinés à produire des neutres, pouvant, par excès de nutrition, devenir des femelles ; ce qui nous fournit encore une preuve à ajouter à toutes celles que l'on pourrait donner à l'appui de ce que nous venons de dire, que la génération, sous quelque forme quelle se présente, n'est qu'une nutrition poussée au-delà de ses limites.

Tous les faits de la génération alternante nous démontrent clairement une périodicité fixe. Ainsi, l'œuf que nous appellerons A, engendre un individu B dépourvu de sexe, lequel donne naissance à un individu C pourvu de sexe, qui reproduit à son tour le premier A. Mais l'œuf A recommencera le même cycle, et le recommencera d'une manière évidemment périodique; et la période sera formée par ces trois éléments A, B, C.

Pour exprimer cet état au moyen d'une expression analogue à celles d'hétérogénie, parthénogénésie, etc., nous proposerons le mot de *périodogénie* [1], applicable d'une manière exacte, ce nous semble, à ce mode de multiplication, et les individus de cette catégorie seraient dits *périodogènes*.

Nous avons aussi, par ces différentes études, acquis la certitude de la variation des formes dans une même espèce, et nous avons senti la nécessité qu'il y aurait à trouver, pour l'espèce, une définition plus exacte et plus précise que celles que l'on a proposées jusqu'à aujourd'hui; toutes se basant sur des caractères que la génération devrait rendre fixes.

---

[1] De περιδος, période, et γενναω, j'engendre (génération par période).

Quant à la génération spontanée, nous l'avons vue, dans les premiers âges, prendre des proportions on peut dire gigantesques; puis elle a reculé et rétréci son domaine, au fur et à mesure que les progrès et les découvertes ont fait avancer la science. Ainsi, chassée peu à peu de tout le territoire qu'elle avait envahi, nous la voyons confinée dans un coin évidemment très-petit et très-obscur, et où elle a même de la peine à se maintenir. Autrefois aux prises avec les grands organismes, elle en est réduite, aujourd'hui, à élever ses constructions sur des bases bien plus modestes. Des monades, des vibrions, des bactéries, voilà ses ressources. Animaux ou végétaux, peu mporte; ce sont des êtres organisés, c'est l'essentiel.

Mais que prouve-t-elle avec ces petits êtres? Les voit-elle, par des transformations successives, devenir des animaux supérieurs, des rotifères par exemple? Voit-elle sur leurs débris apparaître des êtres plus élevés en organisation? Peut-elle les considérer comme le point de départ de toute la série animale? Évidemment non! car ce serait alors croire à la transformation des espèces et, partis de l'hétérogénie, retomber dans le darwinisme, après avoir parcouru l'impasse fermée à chaque bout par l'une de ces opinions.

Mais alors, si la monade n'est le point de départ

d'aucune série, si elle reste toujours à l'état de monade, pourquoi attribuer à ces trois petits organismes un mode de multiplication tout particulier et si différent de ce que l'on peut observer dans *toute* la série organique ? Il nous semble difficile que, tant d'êtres étant tous absolument soumis à la même loi, un si petit nombre puisse échapper à cette communauté de caractères. Et le simple raisonnement semble éloigner toute idée d'*une si petite exception à une si grande règle.*

Les anciens ne trouvaient pas de germes, ils disaient : « c'est la génération spontanée » ; et ils émettaient des opinions dont nous sommes aujourd'hui portés à rire de bon cœur. Nous non plus, nous ne trouvons pas de germes, et nous disons : c'est la génération spontanée. Et nos successeurs riront à leur tour, si des moyens qui nous échappent leur permettent de trouver ce que nous sommes impuissants à démontrer.

Ce serait un sot orgueil que de croire qu'on ne pourra pas faire mieux que nous, et que nous possédons tous les moyens pour pouvoir affirmer hardiment « *cela est...* » Contentons-nous donc de dire dans une sage prévoyance : « Pour le moment, nous ne savons pas, peut-être plus tard trouverons-nous », et cherchons.

4

Et d'après les preuves que nous avons, et les suppo-
sitions que ces preuves nous permettent, nous pouvons
dire jusqu'à démonstration matérielle et évidente du
contraire : « *La vie de la vie. Et la vie ne naît pas
dans un milieu dépourvu de force vitale.* »

Mais cette force, quelle est-elle ? la connaît-on ?
peut-on l'expliquer ? Non ! on ne peut pas la définir,
pas plus que ce qu'on peut définir l'électricité, le ma-
gnétisme, la chaleur et le mouvement lui-même.

On connaît les effets, mais on ignore les causes. On
sait qu'un corps frotté développe de la chaleur et de
l'électricité ; on sait les propriétés dont jouissent cette
chaleur et cette électricité, mais on ne peut pas les définir. On sait qu'un corps marche en vertu d'une force
appelée le mouvement, mais on n'explique pas cette
force ; et quand on dit que tels et tels phénomènes ne
sont que des mouvements transformés, on n'explique
pas grand'chose, car on n'explique pas précisément
l'essentiel, c'est-à-dire la force qui transforme ces pré-
tendus mouvements.

Il en est de même de la vie. On l'explique, on la
connaît, on l'analyse, mais on ne peut en faire la
synthèse. On peut désorganiser tous les éléments
d'un tissu, on ne reconstituera jamais ce tissu ; on
ne fera jamais penser un cerveau quand la vie l'aura

abandonné ; et, pour arriver à un tel résultat, que manque-t-il ? Il manque, nous le répétons, et avec conviction, cette force, cet élément qui nous arrête toujours au bord de l'abîme : « LA FORCE VITALE ! »

Et cette force se retrouve dans *le germe, point initial* de tout organisme, à travers lequel elle se continue sous toutes les formes et se transmet indéfiniment.

Montpellier. — Typogr. BOEHM et FILS.